AF610900

L'ENQUÊTE AGRICOLE

PARIS. — IMP. SIMON RAÇON ET COMP., RUE D'ERFURTH, 1.

L'ENQUÊTE AGRICOLE

PAR

LE COMTE DE FALLOUX

DE L'ACADÉMIE FRANÇAISE

Extrait du CORRESPONDANT

PARIS

LIBRAIRIE DE CHARLES DOUNIOL, ÉDITEUR

29, RUE DE TOURNON, 29

1866

L'ENQUÊTE AGRICOLE

Monsieur,

Vous avez publié un article intitulé : *l'Agriculture et la Politique,* dans lequel se trouve une note rendant compte de la séance de l'enquête agricole à Segré. Dans cette note, M. de Falloux distribue les rôles d'une façon que je ne puis admettre, et, sans me mêler à la polémique que votre publication a soulevée, je tiens à rectifier ce qui me concerne.

Le département de Maine-et-Loire est le quatrième et dernier que j'aie visité. Dans les trois autres, et même dans les trois arrondissements de Maine-et-Loire, l'enquête, à laquelle ont pris part des hommes de toutes les conditions et de toutes les opinions, a présenté précisément ce caractère d'honnête liberté, d'absence de tout appareil, que désire M. de Falloux. Par une circonstance heureuse les quatre commissions, en se séparant, ont tenu à consigner dans le procès-verbal de leur dernière séance l'expression de leur sentiment sur la liberté entière et l'aménité qui ont présidé à l'opération.

Il n'en aurait pas été autrement à Segré si les déposants s'étaient présentés dans les mêmes conditions.

Je ne veux pas rechercher les causes extrinsèques de cet incident. Je me borne à ce qui suffit pour établir la sincérité et la liberté de l'enquête.

1° M. de Falloux omet de dire que l'enquête était commencée lorsqu'il s'est présenté avec M. le duc de Fitz-James et une quinzaine de personnes formant, je crois, une députation du comice de Segré, et qu'immédiatement je leur ai fait ouvrir les portes et qu'ils ont été placés et accueillis comme ils devaient l'être.

2° M. de Falloux oublie de dire que sa première parole a été une *question* sur la manière dont on allait régler la séance, une *critique* de la composition de la commission, un blâme sur le questionnaire, et enfin l'*intention avouée*, non de faire une simple déposition, mais d'ouvrir une conférence.

Est-il étonnant que le président se soit refusé à une controverse réservée pour d'autres temps, renfermant son rôle dans la réception impartiale et fidèle des dépositions?

3° M. de Falloux se plaint du soin que j'ai mis à obtenir que chacun ne parlât qu'à son tour. Mais de quelle manière aurais-je pu recueillir et reproduire, avec l'exactitude qu'il veut bien m'accorder, les dépositions, si tout le monde eût contredit et discuté à la fois, ou même incidemment? L'essentiel est que, chacun ne parlant qu'à son tour, chacun pût parler à sa volonté et autant qu'il voudrait. M. de Falloux reconnaîtra qu'il a largement et longuement usé de cette faculté.

4° Il s'est plaint, et M. de Fitz James s'est plaint aussi, de ce que ni l'un ni l'autre n'ait été convoqué. Mais il omet les explications que je lui ai données avec une patience dont je m'applaudis.

Je lui ai rappelé que l'enquête a été soumise à des règles précises résultant d'un arrêté ministériel; ce règlement, publié partout, a fait connaître que tous ceux qui voudraient être entendus le seraient à la condition de prévenir de leur intention. Or, ni lui ni M. de Fitz-James n'ayant manifesté l'intention d'être entendus, il n'y avait aucune raison pour les convoquer. Il oublie (j'aime à croire que c'est involontaire) qu'en vue d'augmenter la sincérité de l'enquête, j'ai, d'accord avec la Commission, supprimé toute formalité et fait annoncer, par des affiches signées du préfet, les jours, lieux et heures où la Commission entendrait, sans aucune distinction, toutes les personnes qui voudraient être admises[1]; c'est en vertu de cette convocation générale que ces messieurs se trouvaient à Segré et ont été admis sans aucune difficulté à déposer.

J'ai eu, sans aucun doute, le droit de terminer en disant qu'en présence d'une enquête aussi largement ouverte et d'une Commission prête à tout recueillir, toute plainte sur la forme était aussi mal fondée qu'inutile. J'insiste sur ce fait essentiel, car les affiches constatant les invitations adressées à tous sont annexées au procès-verbal des séances de la Commission.

5° M. de Falloux omet de dire qu'après lui plusieurs témoins ont été entendus dans le même sens, sans aucun incident ni interruption, mais qu'un

[1] Voici copie de la dernière affiche :

PRÉFECTURE DE MAINE-ET-LOIRE.

ENQUÊTE AGRICOLE.

Avis.

La Commission départementale de l'enquête agricole de Maine-et-Loire a commencé ses opérations le jeudi 8 novembre 1866. Elle a décidé qu'elle entendrait, dans les lieux et aux heures ci-après désignés, les personnes qui se présenteraient pour déposer dans l'enquête agricole.

A Angers, le mercredi 14 novembre, à midi, à l'hôtel de la préfecture.

A Cholet, le jeudi 15 novembre, à 11 heures, à l'hôtel de la sous-préfecture.

A Saumur, le samedi 17 novembre, à 11 heures, à l'hôtel de la sous-préfecture.

A Beaugé, le lundi 19 novembre, à midi, à l'hôtel de la sous-préfecture.

témoin, ayant à son tour pris la parole et déposé dans un sens contraire à l'opinion de ces messieurs, s'est vu immédiatement interpellé par MM. de Falloux et de Fitz-James, qui voulaient lui démontrer ses erreurs. J'ai dû alors, — avec autorité cette fois, — protéger le témoin contre une controverse inégale.

Ces rectifications établissent, je crois, quelque différence entre le récit de M. de Falloux et la physionomie réelle de la séance.

En fait, ces messieurs ont été entendus autant et aussi longtemps qu'ils l'ont voulu, bien qu'ils n'eussent pas demandé à l'être avant l'ouverture de l'enquête.

Leurs dépositions, ils le reconnaissent, ont été reproduites *avec une exactitude parfaite.*

Il y aurait encore beaucoup à dire, car M. de Falloux a repris la parole à la fin de la séance, et a développé ses griefs dans des termes dont il a demandé lui-même qu'on n'insérât que le résumé. J'y ai consenti, et j'ai été ainsi dispensé de reproduire certaine phrase malheureuse sur la situation de l'armée française, phrase échappée, j'aime à le croire, à la rapidité du discours.

De cette séance, qu'il lui eût été facile de rendre si courte et qu'il a rendue si longue, M. de Falloux a rapporté l'impression d'un *comique indescriptible.* Il faut l'en féliciter, car cela prouve qu'il est pourvu d'un grand fond de gaieté.

D'autres ont reçu des impressions différentes : le président a éprouvé un profond étonnement, beaucoup une grande fatigue, et un plus grand nombre la vive satisfaction de voir ainsi justifier leur vote sur le candidat mécontent des dernières élections.

Agréez, monsieur, l'assurance de ma considération distinguée.

MIGNERET.

La lettre que l'on vient de lire donnerait droit aux plus sévères représailles. Je n'en ai point usé en répondant à la presse quotidienne ; je n'en userai pas davantage aujourd'hui, mais j'examinerai froidement ce curieux morceau au point de vue qui seul doit intéresser le public.

La lettre de M. Migneret soulève deux questions distinctes : un incident personnel entre lui et moi, et la façon dont il a compris une mission importante.

L'incident personnel peut et doit se vider en peu de mots. Entrant un matin chez M. le prince de Talleyrand, M. de Montrond lui dit : « Je viens de traverser le jardin des Tuileries, et j'ai eu l'honneur d'apercevoir M. l'archichancelier qui s'archipromenait. » Eh bien ! j'ai rencontré à Segré un archiconseiller d'État qui se conseille, se harangue et se préside lui-même avec trop de solennité pour une audience de campagne. Voilà tout, et il n'y a rien là qui blesse le caractère de l'honorable M. Migneret.

Quant à sa méthode d'enquête, elle avait de plus graves inconvénients ; j'ai voulu les signaler lorsque mon avertissement pouvait arriver encore en temps utile.

M. Migneret soutient à tort que les convocations à l'enquête orale ont été adressées indistinctement à des agriculteurs qui les avaient sollicitées, et il m'oblige à motiver mon reproche plus que je ne l'avais voulu d'abord. Non-seulement les convocations ont été faites avec une intention manifeste, mais on avait si bien compté sur une séance courte et complaisante que tout avait été arrangé d'avance afin que la journée se terminât par une visite dans un établissement agricole, à quatre lieues de Segré. Le but de cette promenade était, à coup sûr, parfaitement choisi, mais il explique aussi comment notre apparition inattendue a été jugée si inopportune et a causé, au premier abord, un si visible embarras. M. Migneret dit que la séance était commencée avant notre arrivée, et que nous fûmes aussitôt accueillis. Il se trompe. Nous demeurâmes vingt minutes dans un petit salon de la sous-préfecture ; nous y fûmes rejoints par plusieurs des personnes qui avaient reçu des convocations, et ce furent ces convoqués eux-mêmes qui nous mirent dans la confidence de leur bonne fortune. L'un d'eux prit plus tard la parole devant la Commission, et ce fut pour déclarer qu'il ne pouvait s'associer à aucune des plaintes qu'il venait d'entendre, que les agriculteurs étaient dans l'abondance, que les travaux publics n'étaient point excessifs, et que le libre-échange n'avait produit que des bienfaits.

Je crois donc, et je ne suis pas seul à penser ainsi, que dans Maine-et-Loire et dans beaucoup d'autres départements, l'enquête orale a été systématiquement conduite de façon à en faire le contre-pied de l'enquête écrite. L'enquête écrite était plus indépendante, et elle conclut généralement, si je suis bien informé, à d'importantes réformes sur plusieurs points de la législation. On ne pouvait pas supprimer de tels documents, mais on a désiré qu'ils fussent atténués, et l'on a, autant que possible, pris ses précautions en conséquence. Voilà ce que je crois très-consciencieusement ; voilà ce qui ressort pour moi de ce qui s'est passé dans les différents chefs-lieux d'arrondissement du département de Maine-et-Loire, de ce qui s'est passé à Dieppe, au Havre, à Provins et à Rouen : voilà ce qui ne résulte pas moins des renseignements que j'ai reçus depuis trois semaines de l'est et du midi de la France. Je crois donc de plus en plus à l'utilité d'appeler simultanément à cet égard l'attention des agriculteurs, de la presse et du gouvernement lui-même. Le pouvoir ainsi averti arrivera peut-être à se méfier du zèle exagéré de ses propres agents ; il finira par reconnaître qu'il est souvent bien mal servi par ses amis et qu'il pourrait puiser aussi quelques lumières dans le témoignagé des contradicteurs.

Le Temps, qui a montré dans cette occasion une impartialité dont les agriculteurs doivent lui être reconnaissants, appelle l'infaillibilité de l'administration *le plus fâcheux des préjugés français*. Ce mot est profondément juste et mérite d'être médité par tout le monde. Il n'y a pas jusqu'au lieu même de l'enquête orale qui, à mes yeux, ne fût fort mal choisi. Pourquoi la préfecture et la sous-préfecture? pourquoi pas tout simplement la salle commune de la mairie? Qui ne comprend que l'une éloigne et intimide, que l'autre, plus familière, attire et rassure?

M. Migneret, abusant étrangement de la courtoisie avec laquelle, vers la fin d'une longue séance, j'avais dispensé moi-même le rédacteur du procès-verbal de la reproduction intégrale d'une controverse de chiffres, se permet de dire que j'ai mal parlé de l'armée et que j'ai senti, tout le premier, combien la reproduction de mes paroles eût été fâcheuse pour moi. J'admets très-volontiers que M. Migneret n'a pas réfléchi à la portée d'une telle insinuation qui serait une inqualifiable perfidie, si elle avait pu être calculée. Mais je tiens à ce que le sens de mes paroles, qui ont eu quarante auditeurs, soit connu, et je dois les répéter ici dans leur parfaite banalité : « Étudiez, ai-je dit à la Commission, d'autant plus attentivement les besoins de l'agriculture, que *le Moniteur* lui-même vient de nous apprendre que notre armement et nos cadres doivent subir de grands remaniements pour conserver à notre pays sa prééminence. Ce seront donc de nouveaux sacrifices pour les familles; préparons-leur du moins toutes les compensations qui peuvent dépendre de nous. » Non-seulement il ne faut pas que l'enquête agricole soit un leurre, mais il ne faut pas non plus qu'elle soit un guet-apens. Il ne faut pas que les honnêtes gens que l'on invite à faire connaître leurs souffrances, et au besoin leurs griefs, puissent voir leur langage travesti et dénoncé par le fonctionnaire même préposé pour les entendre.

M. Migneret trouve piquant aussi, à propos de l'échelle mobile et du libre-échange, de me rappeler mon récent échec électoral. Il ne m'en coûte pas plus de m'expliquer sur ce sujet que sur tout autre. Je n'éprouve aucun ressentiment de ma défaite, parce que je n'en ai éprouvé aucune surprise. Quand une administration prend toutes les mesures qui ont été prises contre ma circonscription en 1863 et contre ma candidature en 1866, la défaite va de soi : le préfet l'annonce d'avance au ministre de l'intérieur, et le candidat à ses amis. Assurément il est désirable d'occuper une place à côté des chefs illustres de l'opposition actuelle; assurément j'éprouve un regret dont je n'ai point à rougir de ne pas prendre ma faible part dans leurs glorieux efforts; mais ce qui console, c'est de ne pas se sentir seul à l'écart. Quand on voit une centralisation formidable épuiser toutes les ressources dont elle dispose pour éloigner de nos assemblées M. Keller et M. Lemercier, M. de Flavigny et M. de Montalembert, M. Cochin et M. Prévost-Paradol, M. de Larcy et M. d'Audiffret-Pasquier, M. Odilon Barrot et M. Dufaure, M. Laboulaye et M. Casimir Perrier, il faudrait pousser la vanité jusqu'à la folie pour ne pas accepter franchement une situation partagée avec de tels compagnons. Qu'on daigne donc m'en croire, si l'on m'accorde encore une dose quelconque de discernement sur les conditions générales de mon pays et de mon temps : ce que je regrette et ce que je déplore en matière d'élection, ce ne sont pas certaines défaites, ce sont certaines victoires; ce qui m'inquiète, ce n'est pas la dignité de la retraite, c'est l'avenir d'un régime représentatif qui redoute à ce point les contrôles les plus élevés et les lumières les plus incontestables. Oui, il y a là des douleurs pour le patriotisme, mais il n'y en a point pour l'amour-propre.

A côté de l'attitude de M. Migneret, voici maintenant l'attitude de la presse officieuse ou officielle. Je pourrais multiplier les exemples ; je me bornerai à ce qui me concerne, et j'infligerai à qui de droit le châtiment des citations textuelles.

Mon travail intitulé *l'Agriculture et la Politique* était bon ou mauvais, juste ou erroné; je n'en suis ni le juge ni l'avocat. Ce que j'affirme seulement, c'est que ce travail est sérieux et de bonne foi. Il était passible de toutes les réfutations que l'on voudra; il ne devait soulever aucune passion. C'est précisément le contraire qui a eu lieu : j'ai été personnellement et bruyamment injurié, mais on n'a pas même essayé de me réfuter.

C'est d'abord *l'Opinion nationale* qui a ouvert le feu : « Nos aînés l'ont connu, à la lueur sinistre du soleil de juin, précipitant l'explosion de l'émeute par la dissolution des ateliers nationaux... La plume n'a-t-elle pas tremblé dans la main de l'apologiste de l'Inquisition, quand elle a tracé ces noms des hérésies modernes formellement condamnées par les encycliques?... La cléricature est féminine par beaucoup de côtés. Le prêtre, qui élève la femme, et la femme, élevée par le prêtre, ont également l'art de parler longtemps, à demi-voix et sur un ton doux, des choses qui les touchent le moins ; et puis, à la fin de la causerie, quand on prend son chapeau et qu'on échange les salutations d'usage, le post-scriptum arrive à travers l'embrasure d'une porte comme une batterie qui se démasque ou un sourire qui se détend. » — J. Labbé, *Opinion nationale* du 27 novembre 1866. — Et ainsi de suite en trois colonnes. N'est-ce pas là jeter la lumière à pleines mains sur les maux de l'agriculture?

Après *l'Opinion nationale* est venu *l'Étendard*. Il débute comme son confrère : « On n'en peut plus douter, les anciens partis se sont donné rendez-vous dans les commissions chargées de constater l'état de notre agriculture. C'est M. de Falloux qui le dit, et, grâce à la complaisance des journaux de l'opposition, le récit tragi-comique de ce qui s'est passé dans la commission agricole de Segré fait le tour de la France. A vrai dire, beaucoup de choses se sont dites et faites que M. de Falloux ne raconte pas. D'après nos renseignements particuliers, les partisans du droit divin, les champions du droit d'aînesse et du régime féodal, les défenseurs de la très-sainte Inquisition n'ont montré dans les commissions d'enquête qu'une assez mince déférence pour le bras séculier et se sont mis dans le cas d'être vigoureusement rappelés à l'ordre. »

Cependant *l'Étendard* a un scrupule, et il veut produire au moins un argument agricole. Voici en quels termes il le fait : « Pour aujourd'hui, nous ne voulons qu'une chose, prendre M. le comte de Falloux en flagrant délit d'une mauvaise foi impardonnable chez un homme de son caractère ou d'une ignorance incompréhensible de la part d'un ancien ministre qui ne s'est aucunement détaché des affaires contemporaines. » Et, là-dessus, *l'Étendard* m'accuse d'avoir parlé des moyens brusques et sommaires par lesquels le libre-échange a été établi en France, sans avoir ajouté que l'échelle mobile avait été abolie par une loi. « Tous les problèmes que soulevait ce changement, dit-il, furent laborieusement étudiés par une commission qui choisit pour rapporteur M. Vernier, alors député, aujourd'hui conseiller d'État... Et ce n'est pas à M. le comte de Falloux, au candidat malheureux du département de Maine-et-Loire qu'il appartient de critiquer l'autorité d'une mesure solennellement sanctionnée par les élus du suffrage universel. » — AUGUSTE VITU, *l'Étendard* du 2 décembre. — Le reproche de *l'Étendard* a du moins le mérite d'être dans la question; aussi je considère comme un devoir de lui répondre. La destruction de l'échelle mobile n'était que la partie négative du nouveau système. La partie active, c'était les traités internationaux, leurs clauses et leur durée ; c'était les autres mesures concernant la législation et le budget qui devaient accompagner le libre-échange. Eh bien! c'est là qu'ont manqué les consultations et les votes, c'est là que porte ma plainte, et je crois qu'elle demeure entière, même après l'article de M. Vitu. J'ajouterai qu'en ce qui concerne l'abolition de l'échelle mobile, M. Rouher, alors ministre de l'agriculture, a malheureusement pris contre les anciens partis l'initiative de ces récriminations peu dignes de son rôle et de son talent. M. Rouher présidait en 1859 le concours de Poissy. L'élite des agriculteurs était réunie là pour recevoir des félicitations et des récompenses. Le ministre crut qu'il pouvait aussi y mêler les leçons et peser directement sur l'opinion publique qui hésitait à sanctionner l'abolition de l'échelle mobile avant d'avoir vu clairement comment on comptait la remplacer. Voici comment il s'exprimait :

« C'était un devoir impérieux pour le gouvernement que d'aborder ce débat difficile, dans lequel il faut tenir un compte égal des considérations d'économie sociale et des raisons politiques. »

M. Béhic, qui vient de prononcer à la *Société centrale* un discours fort distingué, pourra voir par cette phrase de son collègue que je ne suis ni le seul ni le premier qui ait placé l'agriculture et la politique sous le même manteau.

M. Rouher continue ainsi :

« Et cependant, si des esprits consciencieux et loyaux cherchent, soit dans la liberté du commerce des grains, soit dans le principe des droits variables, les conditions agricoles et commerciales les meilleures pour notre pays, quelques-uns s'efforcent, avec une ardeur irréfléchie, de convertir cette question en moyens de propagande ou en armes de parti, et s'empressent de faire au gouvernement le plus injuste procès de tendance.

« Eh quoi ! a-t-on espéré faire croire que ces études consciencieuses et approfondies de l'administration et du conseil d'État pourraient avoir un but autre que les intérêts bien entendus de l'agriculture et le développement de sa prospérité ?

« Pour réussir dans de semblables tentatives, il faudrait faire oublier au cultivateur français que c'est au chef de l'État qu'il doit et la diminution de l'impôt foncier, et la législation sur le drainage, et ces solennités régionales, et ces expositions nationales ou universelles, grandes assises de l'agriculture, où se réunissent, comme en un faisceau, tous les enseignements de l'expérience agricole, et où se distribuent les légitimes récompenses de l'intelligence, du travail, de la probité et du dévouement.

« Que ces inquiétudes trop empressées se calment donc. Le gouvernement a toujours pour boussole les intérêts de ces masses agricoles, qui, par trois fois, ont acclamé l'Empereur et sont la base inébranlable de son trône et de sa dynastie. »

Que pense aujourd'hui de ce discours M. Rouher lui-même ? Sont-ce les anciens partis qui ont ordonné ou obtenu l'enquête agricole ? N'eût-il pas mieux valu prêter, en 1859, une oreille bienveillante à de loyales prévisions que de laisser éclater, en 1866, une plainte presque unanime? *L'Étendard* ne m'a pas dit non plus en me rectifiant pourquoi le grand conseil de l'agriculture, institué par l'Empire, n'avait jamais été convoqué par l'Empereur. Cela n'est cependant pas indifférent quand on veut établir qu'on n'a jamais cessé de provoquer la délibération des hommes compétents.

Après *l'Étendard*, écoutons *le Pays*, *journal de l'Empire* : « Voilà qu'au bout d'une discussion sur le prix du blé, qui vaut cinq francs le boisseau, en moyenne, sur les marchés de Segré, Voltaire arrive au bout de la période, comme la marée en carême..... Voyons, monsieur, franchement, croyez-vous que l'enquête agricole eût pour objet d'offrir aux chefs des partis une occasion d'y venir faire des discours sur le Pape, sur la constitution de l'État et sur le roi de Prusse? » — Il est bien entendu que, devant la commission de Segré, je n'ai pas prononcé un mot du Pape, de Voltaire, ni du roi de Prusse. Mais enfin ceci est, comme l'Inquisition et la Saint-Barthélemy, une sorte de refrain auquel je suis accoutumé et qui ne tire pas à conséquence. Ce qui suit a plus de portée : « Il y eut un grand soubresaut de M. le duc de Fitz-James, qui ne comprenait pas que, lorsqu'il y avait des gentilshommes, on donnât la parole aux manants... L'audace de Motais, l'impudence de ce marchand de blé bouleversaient toutes les idées de sa race sur les rapports du tiers état et de la noblesse..... Quand tout fut terminé, et que M. le Président eut levé la séance, M. de Falloux et M. de Fitz-James se retirèrent suivis de la cohorte de leurs fermiers. A quelques pas de la ville, on rencontra les fermières, qui venaient au-devant de leurs maris. Arrivés à un endroit où la plupart devaient prendre à droite ou à gauche pour retourner chez eux, M. de Falloux appela Franchard, qui s'en vint à lui le chapeau à la main : « Franchard, tu es en re-« tard pour tes fermages, et toi aussi, là-bas, maître Maclou. Mon « intendant ne peut parvenir à voir la couleur de votre argent. Vous « devriez avoir honte du train que vous menez. Les fermiers de mon « père allaient en bidet à Angers, et vous y menez vos femmes en « calèche! J'entends dire partout que Renaudin donne cent mille « francs à sa fille; Maclou met son fils dans le notariat. C'est le « monde renversé. Voici la fin de l'an, sachez que j'attends vos écus, « compères! » — Béee! béee! béee! se mirent à crier en chœur Maclou, Renaudin, Franchard et les femmes à l'unisson. — Ah! monsieur le comte! Ah! monsieur le duc! n'aurez-vous pas pitié des souffrances de l'agriculture? » — Ulysse Pic. (*Le Pays*, articles du 2 et du 4 décembre.) — Et il y en a sur ce ton six colonnes en deux numéros.

M. le duc de Fitz-James a répondu à M. Ulysse Pic avec une très-juste indignation : « L'opinion publique flétrira justement ceux qui, au nom de rancunes surannées, veulent faire prendre le change sur nos intentions et en appellent contre nous à toute la variété des spectres politiques. »

M. de la Salmonnière, qui n'avait pas été mis en scène avec plus de vérité, a également protesté, et il dit : « Nous ne pouvons comprendre qu'une feuille qui s'intitule *Journal de l'Empire* ouvre ses colonnes à une misérable diatribe dont le but est d'exciter les classes à la haine des unes contre les autres. »

Je demande à mon tour à m'exprimer sur une polémique qui devient malheureusement le diapason habituel des feuilles officieuses, qu'il s'agisse de la philosophie ou de l'Église, de la politique ou de l'agriculture.

M. Migneret, qui n'a pas compris ma gaieté, comprendra-t-il ma tristesse? Je ne sais, mais je vais la lui confier néanmoins.

Que la société ait des adversaires parmi ceux qui n'y trouvent pas leur part assez bonne, cela s'est vu de tout temps ; ceux-là mêmes, il ne faut pas les dédaigner, et on doit tout tenter pour les satisfaire dans la mesure de la justice et de la raison ; mais enfin on se rend compte de leur hostilité, et on l'excuse tout en se défendant contre elle. Mais que des hommes qui représentent cette société, et pour la plupart dans des rangs privilégiés, que des fonctionnaires, que des journaux officieux, dès qu'ils rencontrent la moindre objection sur le terrain même où ils sont obligés de l'entendre, perdent aussitôt le sens politique et le sens moral, qu'ils rivalisent du premier coup avec les plus fougueux démagogues, qu'ils se plaisent à susciter toutes les envies et toutes les haines même les plus calomnieuses, comme si ces tristes éléments du cœur humain ne savaient pas bien faire leur œuvre sans de tels auxiliaires, voilà ce qui confond et ce qui effraye ! On dit de nous : « Ces messieurs sont trop exigeants : ils veulent absolument parler, et, quand on les attaque, ils se plaignent. » Non, vous ne nous attaquez pas, vous attaquez la société qui vous a confié ses intérêts, qui vous grandit et qui vous dote. Vous ne pouvez pas faire le bien à vous tout seuls. A tout moment, à tout propos, pour toute œuvre, vous avez besoin de notre concours, et, en face même de ce bien que nous avons fait souvent sans vous, quelquefois malgré vous, vous nous insultez dès que votre amour-propre a subi la moindre piqûre. Ainsi donc, appelez-vous Fitz-James, soyez le petit-fils de deux maréchaux de France, descendez de ce glorieux Berwick qui contribua puissamment à sauver la France d'une coalition européenne et qu'on a nommé le meilleur grand homme qui ait jamais existé, soyez fidèle aux traditions de votre race, sacrifiez généreusement à l'amélioration de vos terres une large part de votre temps et de votre fortune, soyez entouré de l'affection et de la reconnaissance populaire, mais heurtez-vous un seul instant à un sous-préfet ou à un conseiller d'État, et il n'y aura pas dès lors une animosité de bas étage qu'on n'essaye de soulever contre votre nom dans des feuilles prétendues conservatrices! Soyez, comme la plupart des propriétaires dans le canton de Segré, fondateurs de collége, de salle d'asile, d'hospice, d'école primaire, d'école d'adultes, comparaissez au milieu de tous ces témoins de votre devoir accompli, mais ne vous inclinez pas sur la question des céréales ou des colzas, et aussitôt vous voilà transformés en harpagons hypocrites, plaidant pour le peuple par esprit d'opposition, et pressurant par cupidité et par égoïsme la population que vous affectez de défendre!

Et vous croyez, en agissant ainsi, que c'est nous que vous attaquez? Non, non, vous vous attaquez, vous vous déconsidérez et vous vous détruisez vous-mêmes. Nous ne sommes ici les ennemis de personne; si nous étions les vôtres, nous n'aurions qu'à vous applaudir et à vous encourager dans de telles voies : on n'y marche jamais d'un air si présomptueux et d'un pas si rapide sans rencontrer bien vite d'amers mécomptes.

P. S. On me communique à l'instant un article de *la Presse* qui, en termes sérieux et courtois, adopte une brochure que M. de Léobardy publie en réponse à mon article du 25 novembre. Le temps me manque pour répondre à l'un ou à l'autre, mais je tiens du moins à me montrer reconnaissant. Je tiens aussi à constater une fois de plus combien les opinions sur l'agriculture sont indépendantes des opinions et des liens de parti. La brochure de M. de Léobardy est accompagnée d'une lettre de M. le baron de Jouvenel, ancien député de la Corrèze, qui nous fait connaître que M. de Léobardy donna sa démission en 1830 et appartient au parti légitimiste; ce qui me donne l'occasion de constater du même coup que M. le duc de Fitz-James est l'unique membre du comice de Segré qui ait voté pour le libre-échange absolu, même sans la transition d'un droit protecteur provisoire. Il y a donc des libres-échangistes dans tous les camps, et il n'est vraiment plus permis de se dispenser de répondre, par une fin de non-recevoir si hautement démentie par la notoriété publique.

PARIS. — IMPRIMERIE SIMON RAÇON ET COMP., RUE D'ERFURTH, 1.

www.ingramcontent.com/pod-product-compliance
Ingram Content Group UK Ltd.
Pitfield, Milton Keynes, MK11 3LW, UK
UKHW020413250726
13967UKWH00006B/2626

9 782011 739278